七个世界　一个星球

SEVEN WORLDS ONE PLANET

展现七大洲生动的生命图景

南 极 洲

[英]丽莎·里根/文　孙晓颖/译

科学普及出版社

·北　京·

壮美而严酷

南极洲位于地球的最南端，是一片冰冷的荒芜之地。它是地球上最寒冷的地方，冬夜地表温度可达零下 98 摄氏度。南极洲的中心地带鲜有生命迹象，但其海岸和亚南极岛屿却是种类数量惊人的海鸟和海洋哺乳动物的家园。

● **南极洲面积：** 1400 多万平方千米，是世界第五大洲 ● **最高的山峰：** 文森山

● 南极是地球最南端，南半球的顶点，这里是观赏**南极光**的最佳地点。

● **横贯南极山脉**将南极洲划分为东南极洲和西南极洲，其中东南极洲面积更大。

● 南极洲是地球上最寒冷、最干燥，而且风最大的大陆。全洲年均降水量**不超过100毫米**。严格意义上来说，这里是一片沙漠。

冰封世界

南极洲大陆几乎完全被冰覆盖。这些冰的平均厚度约 2 000 米，储存了地球上约 70% 的淡水。一年当中的部分时段，南极洲也会被海岸周围形成的海冰包围。不过，大部分海冰会在夏季消融。

南极洲没有永久居民，只有科学家和后勤人员来此居住，他们每次都会驻留好几个月。

● **平均温度范围：**零下 28 摄氏度至零下 59.5 摄氏度

南极洲概览

南极洲是冰雪茫茫的苦寒之地。中央的冰穹形成了冰川，缓慢地向冰盖边缘移动。大陆上的环境极其恶劣，只有少数微小的生物，比如昆虫和螨虫，能在此生存。然而，其海岸却呈现出令人惊叹的风景，海豹、企鹅、鲸和海鸟等众多野生动物云集于此。

不寻常的日落

在一年当中的部分时间，南极地平线上是看不到太阳的。太阳在初冬时分落下，好几个月不会再升起。而在夏天，黑夜永不降临。由于南极在南半球，因此这里的冬季在 3 月到 10 月之间。

- 南极洲大约 **200 年**前才被人们发现，其大陆面积约为美国的 1.5 倍。

- 南极洲的风速可达 **320 千米 / 时**。

- 在漫长而黑暗的冬季，南极洲的许多生物都会迁往**亚南极群岛**。

帝企鹅不畏南极的冬天，顽强地在此繁殖并哺育雏鸟。

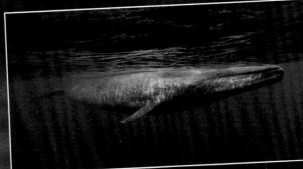

蓝鲸是世界上最大的动物。它们在南极觅食，但当冬天来临时，它们会向北迁徙。

生活在边缘

无冰的岛屿环绕着南极洲的海岸线。这里是王企鹅繁殖的地方。南乔治亚岛的圣安德鲁斯湾是 50 万只王企鹅的家园，象海豹、南极毛皮海狮和众多海鸟也在此繁衍生息。

据说，圣安德鲁斯湾的海滩是世界上哺乳动物和鸟类生物量（总数量或总重量）最大的海滩。

它们什么时候繁殖？

王企鹅大部分时间都在海里捕猎和进食。不过，它们必须回到干燥的陆地换羽（褪去旧羽，长出新羽）。在岸上的这段时间，它们会进行交配。

它们一次孕育几只雏鸟？

一对王企鹅夫妇一次只会产下一个蛋。雌性企鹅产下蛋，然后和雄性企鹅轮流把蛋放在脚上保暖，并用腹部垂下的袋状皮褶把蛋盖好，直至雏鸟孵化。

它们吃什么？

成年王企鹅吃枪乌贼和鱼类，尤其喜欢吃灯笼鱼。它们捕鱼回来时，会将储存在嗉囊中的食物反刍给雏鸟。

它们怎么辨认自己的孩子？

亲鸟和雏鸟通过独特的叫声识别对方。然而海岸十分拥挤，叫声很难被听到。如果亲鸟和雏鸟走散了，那么亲鸟可能无法再找到雏鸟。

王企鹅

学名：*Aptenodytes Patagonicus*

分布：亚南极海域岛屿，包括南乔治亚岛；南美洲，包括智利、阿根廷和马尔维纳斯群岛

食物：枪乌贼、鱼类等

天敌：虎鲸、豹形海豹、南极毛皮海狮、南极巨海燕、贼鸥

受到的威胁：气温升高、疾病

受胁等级 *：无危

特征：王企鹅是世界上体形第二大的企鹅，仅次于帝企鹅。其身高可达 1 米，体重 10~16 千克。王企鹅和帝企鹅的头部和胸部都有标志性的橙黄色羽毛。然而，王企鹅的头部斑块呈独特的橙色泪滴形，而帝企鹅的头部斑块颜色较浅，边缘模糊。

* 关于受胁等级的说明，请参阅第 45 页。

奔向大海

　　毛茸茸的棕色雏鸟在褪去绒毛并长出黑白相间的防水羽毛后才能下水。这时，它们会游向大海深处，独自觅食。至少到三岁以后，它们才会重返出生地繁殖。

王企鹅用腹部滑行，这是一种可以在陆地上快速移动的方式。

王企鹅的喙是所有企鹅中最长的，甚至比其高大的亲戚帝企鹅的还要长。

王企鹅的雏鸟长着棕色的、毛茸茸的羽毛，看起来和成年王企鹅迥然不同，以至于一度被认为是不同物种。

一旦入水，王企鹅便能快速移动。它们大大的鳍脚推动其以每小时 10 千米的速度在水中穿梭。它们还会潜入深海捕鱼。科学家们已经记录到的它们的潜水深度可达 500 米。

你知道吗？

● 企鹅蛋和雏鸟有时候会被贼鸥、巨海燕等**海鸟**吃掉。

● 王企鹅不筑巢，它们会一直把企鹅蛋放**在脚背上**。

● 企鹅的蛋壳非常厚，雏鸟可能需要三天才能破壳而出。

企鹅图鉴

大多数企鹅生活在南半球，只有加岛环企鹅生活在北半球的赤道附近。有五种企鹅在南极洲繁衍，还有一些企鹅生活在亚南极岛屿。

阿德利企鹅

大量的阿德利企鹅在南极聚集、繁殖。当它们返回大海时，要游上几千千米的路程。

纹颊企鹅

纹颊企鹅身材中等，因颈部特有的一道黑色条纹也被称为帽带企鹅。它可能是南极洲数量最多的企鹅。

帝企鹅

帝企鹅是地球上体形最大的企鹅。成年企鹅的身高和一个六岁孩子的身高相当。它们步履蹒跚，但用腹部在雪地上滑行的速度很快。

马克罗尼企鹅

这种企鹅的显著特征是头部长着细长的金色羽毛。它们身高约 70 厘米，是具冠羽企鹅中体形最大的一种。

白颊黄眉企鹅

这种具冠羽企鹅在南极洲和新西兰之间的一座孤岛上繁殖，但也曾出现在南极海域。

王企鹅

王企鹅得名于 300 年前，当时它被认为是地球上体形最大的企鹅。

巴布亚企鹅

你可以通过白色的眉毛来识别巴布亚企鹅！在南极洲的部分区域，它们的数量正在增加。

凤头黄眉企鹅

这种小企鹅只有 50 厘米高，有红色的眼睛、红色的喙，眼睛上方有黑色和黄色的刺状羽毛。

海洋鸟类

企鹅不会飞，但可以跃出水面。

黑与白

企鹅属于鸟类，有羽毛和喙。它们产卵并抚育雏鸟，直至雏鸟能自食其力。不过，企鹅是不会飞的鸟类。它们的翅膀已演化成鳍状肢，有助于游泳而不是飞行。它们在海洋中觅食，每次潜水数分钟，捕捉鱼、磷虾或其他海洋生物。

企鹅独特的颜色可能是一种被称为"反荫蔽"的伪装。从上方看时，黑色的羽毛可以帮助它们隐藏在黑暗的深水中；而从下方看，浅色的腹部和水面上的光线融为一体。

扫码看视频

冰上大战

　　豹形海豹是顶级捕食者，捕杀大多数种类的企鹅，比如图中这种巴布亚企鹅。豹形海豹在水中游走速度快，身体强壮，在海洋追逐中可能更占优势，但在陆地上，企鹅尽可以大胆与其对抗。

豹形海豹能长到 3.5 米长，雄性
的体形通常比雌性的略小。

它们的犬齿非常锋利，
长约 2.5 厘米。

它们的臼齿同样锋利无比，
每颗臼齿上有三个尖，可以
相互咬合，便于滤出海水中
的磷虾。

豹形海豹

学名：*Hydrurga leptonyx*

分布：南极和亚南极海域

食物：磷虾、鱼类、枪乌贼、企鹅、海鸟、小海豹

天敌：虎鲸

受到的威胁：气候变化

受胁等级：无危

特征：豹形海豹因其皮毛上类似豹纹的深色斑点而得名。它们身材苗条，肌肉发达，在水中呈流线型；头大，强有力的颚骨可以张得很开，露出独特的尖牙；腹部颜色浅于背部，身体前后各有一对鳍状肢。

它们如何游泳？

它们用硕大的前鳍状肢控制方向，推动身体在水中前进。

它们的叫声是什么样的？

豹形海豹会咕哝、吠叫、呻吟，甚至还会唱歌！唱歌可能是它们求偶仪式的一部分，或是为了警告其他豹形海豹。

它们是群居动物吗？

不，它们通常独自游泳和捕猎。在繁殖期，它们会聚集在一起，但当幼崽出生后，雄性不会留在雌性身边照顾幼崽。

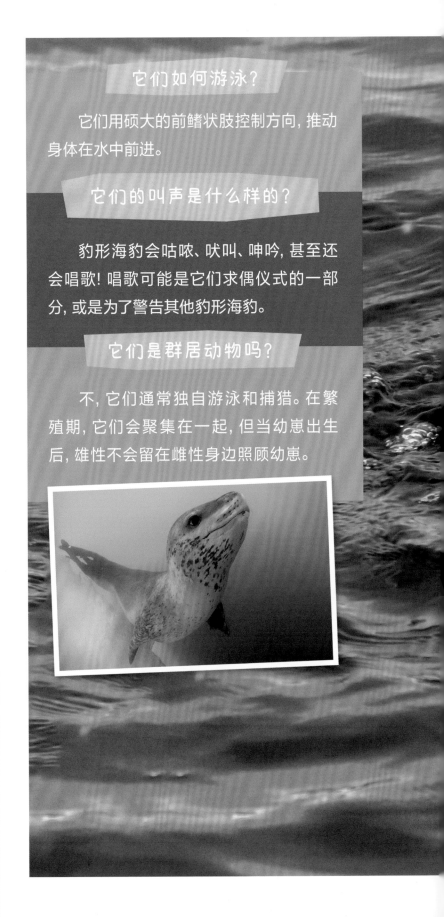

水下杀手

豹形海豹不会潜入深海捕猎,而是守在浅水区。

它们是食肉动物,吃各种海洋生物,无论大小,有什么吃什么。

豹形海豹是鳍足类海洋哺乳动物中的一员,这个群体包括海豹科、海狮科和海象科。它们能顺畅自如地在水中穿行,以每小时40千米的速度追赶猎物。人们对它们的繁殖方式所知甚少,但它们确实不在水中分娩,而是在冰上分娩的,这意味着气候变化正在对它们的繁衍之地产生影响。

跟着豹形海豹去捕猎！

1 该吃午饭了，或许今天可以来一只企鹅。

2 那边有好多企鹅！它们正在冰水中乱窜。过去随便抓几只！

3 轻松靠近……哼！差点儿就抓住了。

4 或许，在开阔的水域追赶更容易得手。

5 讨厌的企鹅，居然跳到安全的地方去了！

6 再来一次……瞧，另一只企鹅正在冰雪中挣扎。

7 我来抓你了！

8 就差一点儿……又失败了！

企鹅父母

　　与许多物种相比，企鹅是更称职的父母。雄性和雌性共同分担看管鸟巢、鸟蛋和雏鸟的工作。有些企鹅，比如图中的巴布亚企鹅，会在一个甚至更多的繁殖季陪伴同一个伴侣。

巴布亚企鹅

学名：*Pygoscelis papua*
食物：鱼类、枪乌贼和磷虾
天敌：豹形海豹、虎鲸、海狮
受胁等级：无危

一个用石块、羽毛、苔藓和杂草搭建的圆形巢穴。

雏鸟会褪掉蓬松的绒毛，换上一身新羽毛。

陆上生活

巴布亚企鹅在无冰的海滩上繁殖，在那里它们可以找到鹅卵石来筑巢。一只雌性巴布亚企鹅产下两枚蛋，它和雄性巴布亚企鹅轮流为其保暖，并保护它们不受捕食者的伤害。一旦孵化，小企鹅会在巢里待上一个月。

据记录，巴布亚企鹅的游泳时速可达 35 千米，是游得最快的企鹅。

它们的喙和脚都是亮橙色的，头顶有一道白色的条纹，横跨两只眼睛上方。

俯冲和潜水

巴布亚企鹅是世界上体形第三大的企鹅，平均身高为 75 厘米，尾羽比其他企鹅的长。它们大多数时间都在水中觅食。为了寻找食物，它们每天的行程可达 80 千米。它们是深潜高手，可在水下停留长达 7 分钟。

致命的敌人

巴布亚企鹅是游泳速度最快的企鹅，但它们的天敌可以游得更快。虎鲸可以轻而易举地赶超巴布亚企鹅，因此它们必须依靠灵敏的反应躲避敌人。它们扭动、翻滚、跳跃，然后转身折返，试图脱离险境。尽管如此，它们有时仍然会遭遇不测。

你知道吗？

- 虎鲸也叫"杀人鲸"，这些庞然大物是海豚家族成员中体形最大的。

- 虎鲸的牙齿可长达 10 厘米。

- 它们的背鳍可高达 1.8 米，至少有一个成年人那么高。

- 它们的食物取决于其栖息地。有些虎鲸吃鱼类，有些吃海豹和海狮，还有一些甚至捕食鲨鱼。

扫码看视频

露脊鲸的英文（right whale）意为"合适的鲸"，这个称呼来自捕鲸者，因为捕鲸者认为它们游得很慢，是合适的捕猎对象。

过去，露脊鲸遭到大量捕杀，几近灭绝。禁止捕鲸后，露脊鲸的数量开始缓慢回升。

像这样跃出海面再重重落入海中的动作，被称为"跃身击浪"。

图中是南露脊鲸，它们在南极的寒冷水域觅食。

海洋生命

须鲸类动物一般比齿鲸类动物的体形大。

鲸目动物是一类在海洋中度过一生的肉食性哺乳动物。它们在水中进食、睡觉、交配和分娩。鲸目可以分为齿鲸（如虎鲸）和须鲸。须鲸也叫无齿鲸，包括在南极生活的南露脊鲸和座头鲸。

长途跋涉

南露脊鲸和座头鲸一年要游很远的距离。它们在较温暖的水域交配并产下幼崽，然后迁移到更冷的南极地区觅食。

鲸的头顶有个类似鼻孔的呼吸孔。须鲸有两个呼吸孔，而齿鲸只有一个。

鲸尾巴上的鳍叫尾叶。尾叶上下摆动，推动鲸在水中前进。

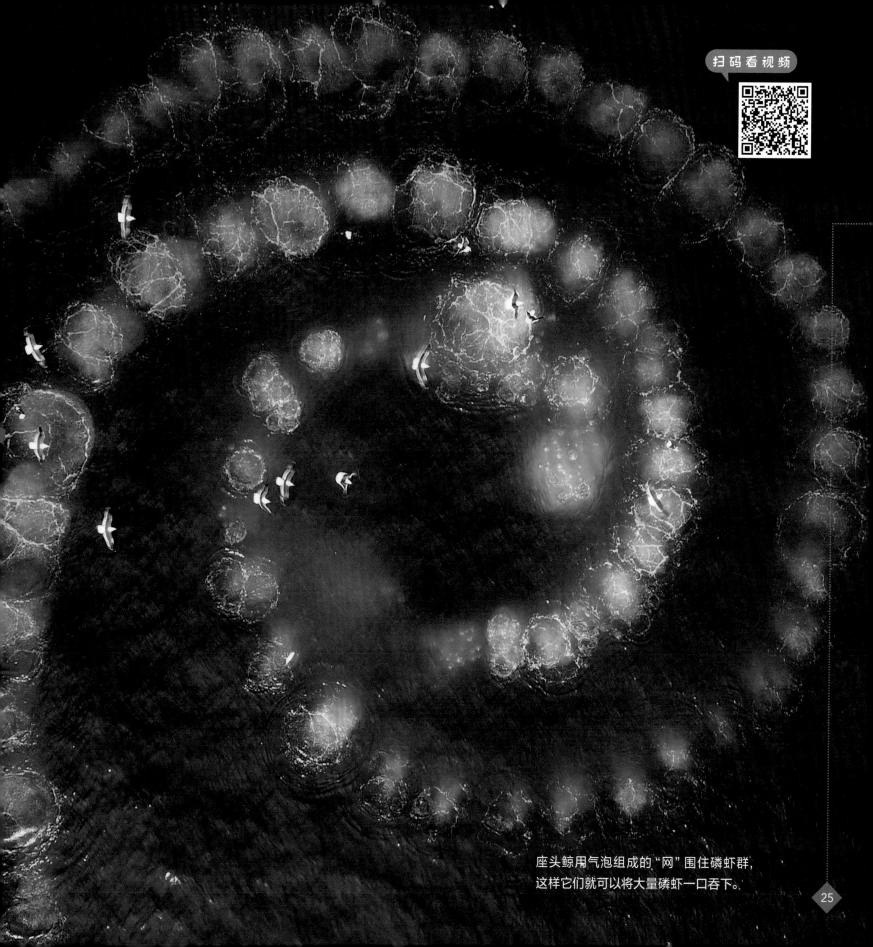

座头鲸用气泡组成的"网"围住磷虾群,
这样它们就可以将大量磷虾一口吞下。

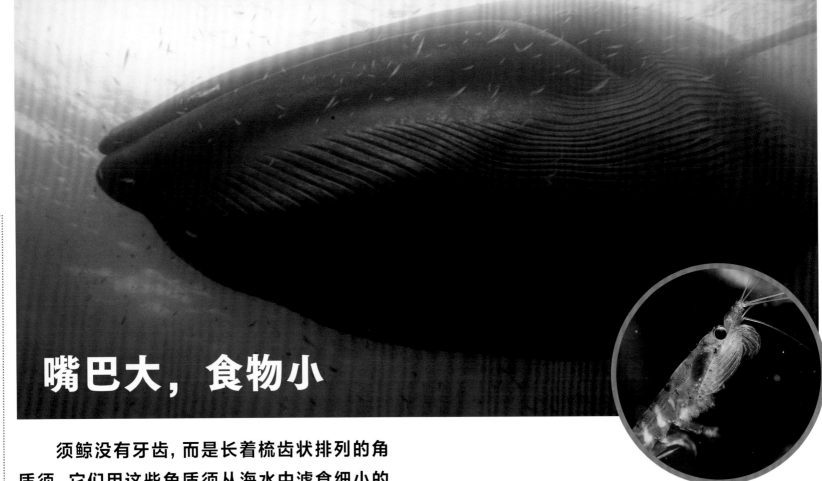

嘴巴大，食物小

须鲸没有牙齿，而是长着梳齿状排列的角质须。它们用这些角质须从海水中滤食细小的海洋生物。它们的主要食物是一种叫磷虾的小型甲壳类生物。每立方米的磷虾群里有多达3万只磷虾。地球上所有磷虾的总重量可能超过人类的总重量。

尽管磷虾很小，但它可能是世界上数量最多的动物。

进食时间

须鲸的进食方式多种多样。有些是冲刺式进食，它们张开大嘴游动，在水面附近吞下海水和食物；还有一些则潜入深海，一口气吞下大量食物和水。须鲸的喉腹部可以扩张，以便一次摄入大量的食物。

鲸须就像一个筛子，将鲸嘴里的海水滤掉，留下食物。

南极鲸类图鉴

有些鲸会在夏季造访南极，享用磷虾盛宴；有些则在寒冷的南部海域度过一生。后者包括各种须鲸——不仅有座头鲸、露脊鲸，还有蓝鲸、小鳁鲸、长须鲸和塞鲸。此外，虎鲸、抹香鲸、阿氏贝喙鲸、长肢领航鲸等齿鲸也能在此发现踪迹。

蓝鲸

这些庞然大物从头到尾的长度比三辆公交车还长，重量超过三辆货车！

阿氏贝喙鲸

这种鲸长着长长的喙状鼻子。它的头很小，前额陡峭。由于十分罕见，相比其他鲸类，人类对它们所知甚少。

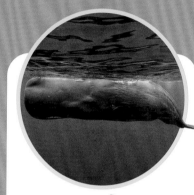

抹香鲸

不寻常的是，只有雄性抹香鲸在南极海域生活，雌性和抹香鲸幼崽则生活在靠北的温暖水域。

长须鲸

世界第二大鲸，有与众不同的肤色：下颌的一侧是白色的，另一侧是黑色的。

虎鲸

这种强大的捕食者使用回声定位系统帮助自己寻找猎物。它们发出的咔嚓声会被反射回来，告诉它们周围有什么生物。

塞鲸

塞鲸可能是游得最快的鲸，短时间内速度可达每小时50千米。与其他极地鲸类相比，它们更喜欢生活在靠北的地区。

小鳁鲸

它们比大部分须鲸小，经常只身潜入水中捕捞磷虾。

展翅高飞

　　信天翁是一种长期远离陆地的大型鸟类。它们利用巨大的翅膀乘风而行，连续滑翔数小时而不休息。它们生活在南部海洋，在繁殖季节来到陆地。这是一只灰头信天翁，它觅食的地方比任何其他种类的信天翁都更靠南。

它们的体形有多大？

成年灰头信天翁体长大约 80 厘米, 双翅展开可达惊人的 2.2 米宽。

它们筑巢吗？

是的, 一个非常独特的巢! 它们所筑的是一个高高的泥制柱状鸟巢, 内衬杂草, 可年复一年地使用; 巢外会逐渐被苔藓覆盖。这种凸起的鸟巢可以使雏鸟远离寒冷潮湿的地面。

它们一次产几只雏鸟？

灰头信天翁每两年产一只雏鸟, 因此雏鸟弥足珍贵。亲鸟会尽其所能照顾后代, 轮流喂养和抚育雏鸟。

它们能飞多远？

无须照顾雏鸟的成年灰头信天翁会飞到很远的地方觅食, 有些能飞到 13 000 千米以外的地方, 并在一天内飞行 1 000 千米。

灰头信天翁

学名: *Thalassarche chrysostoma*
分布: 南部海洋
食物: 枪乌贼、一些鱼类及其他海洋生物
天敌: 巨海燕
受到的威胁: 气候变化、捕捞
受胁等级: 濒危

科学家们估测, 灰头信天翁的飞行速度大约是每小时 127 千米, 这使它们成为世界上飞行速度 (特指水平飞行速度, 而不是俯冲速度) 最快的鸟类。

特征: 灰头信天翁有美丽洁白的身体、浅灰色的头颈、黑色的翅膀和尾巴; 它的喙也是黑色的, 顶部和底部有明黄色条纹; 每只眼睛后面有一个白色新月形图案。灰头信天翁的喙两侧有鼻孔, 鼻孔上方有盐腺, 有助于排出所摄入海水中的盐分。

风中飘摇

这些灰头信天翁不靠听觉、嗅觉或视觉识别雏鸟，而是通过定位正确的巢穴来找到雏鸟。

扫码看视频

灰头信天翁的巢建在陡峭的坡地和岩崖上，暴露在强风中。雏鸟有可能直接被风吹离舒适的鸟巢而落到地上；如果爬不回去，它就会死掉。如果雏鸟不在亲鸟所筑的巢穴内，那么它的亲鸟甚至会认不出它，不会喂养或帮助它。

风力变化

气候变化带来猛烈的风暴，致使这里的风力前所未有的强劲。南极洲的风速经常达到每小时110千米，很多雏鸟被吹离巢穴，无法存活。灰头信天翁的数量正在减少，其现存数量不及15年前的一半。

信天翁宝宝的艰难时刻

爸爸用喙轻推雏鸟，随后便飞出去觅食了。

1

2 雏鸟独自留在巢中。风越来越大，它很难待在原地。

3

爸爸回来的时候，发现巢内空空如也。

它没有认出躺在地上的雏鸟。

4

5

雏鸟必须在被冻僵前自己爬回巢穴。

6

这下安全了，爸爸的怀里舒适又温暖。

象海豹和王企鹅共享这片海滩。王企鹅必须时刻保持警惕，以防被撞倒或压伤。

象海豹因何得名？

它们悬垂的长鼻子有点类似象鼻，因而得名。它们皱巴巴的棕灰色皮肤和庞大的身躯也和大象很像。

为什么它们的鼻子长这样？

雄性象海豹会用鼻子发出吼声，以驱赶其他雄性。它们还能让鼻子膨胀起来，发出最大的声音，以吸引雌性象海豹的注意。

它们能长多大？

雄性象海豹比雌性体形大，体长可超 6 米，重达 5 000 千克，相当于五辆小汽车的重量！

它们一次产几只幼崽？

雌性象海豹一次只产一只幼崽。它在返回大海前，会用母乳喂养小象海豹三四个星期。

强大的野兽

世界上有两种象海豹：北象海豹和南象海豹。南象海豹生活在南极洲及其周围，其身材硕大无比，是世界上体形最大的海豹。在一年当中的大部分时间，除了到岸上繁殖和养育幼崽，象海豹都在海洋中觅食。

象海豹

学名：*Mirounga leonina*

分布：南极和亚南极海域，最北至南美洲、澳大利亚和南非

食物：鱼类、枪乌贼及其他海洋生物

天敌：虎鲸；象海豹幼崽常被豹形海豹、鲨鱼和海狮捕杀

受到的威胁：气候变化、疾病、入侵物种

受胁等级：无危

野兽之战

南象海豹在繁殖季节聚集在亚南极海滩上。年长的雄性用吼叫、咆哮和昂首挺胸的姿态来显示自己的强壮。两只巨大的雄兽有时会为了争夺一块领地而战斗。这样的领地可以聚集雌性，获胜者的身旁可聚集多达 60 只雌性。

扫码看视频

等待交配

雄性南象海豹必须等到雌性产下幼崽后才能与之交配，这可能需要几个月的时间。在此期间，它必须待在岸上，靠储存的脂肪生存。为了守护来之不易的领地，它不能到海里觅食。

为了守护领地，雄性每天能消耗多达 15 千克体重。

保护层

　　雄性脖子上有一层厚厚的脂肪，当遭到对手用犬齿攻击时，脂肪层可以起到保护作用。脂肪层还能帮助象海豹保暖，并为它们提供在海滩静待期间所需的能量。

深海潜水员

　　象海豹擅长潜水，它们可以在水下停留 30 分钟，并轻松潜至 300~500 米深的地方。潜水时间最长纪录的创造者是一只雌性象海豹，它曾下潜至 1 430 米深的地方，在水下停留了 2 小时。

鳍足类动物一览

鳍足类哺乳动物有三科：海象科、海豹科及海狮科。上图中的韦德尔海豹属于海豹科，生活在南极冰层下面。

海狮科动物的后肢可以向前扭动，帮助它们在陆地上行走。海豹科动物不能这样做，它们只能在陆地上笨拙地蠕动。

找不同

海狮科动物和海豹科动物有很多不同点。一个显著的区别是头两侧是否有外耳：海狮科动物有外耳，海豹科动物无外耳；另一个区别是它们在陆地上的移动方式：海狮科动物用四只脚蹼移动，而海豹科动物只能用前脚蹼拖动腹部前行。

地球现存 33 种鳍足类动物。

你可能会觉得有些奇怪，海豹、海狮和海象可是熊和浣熊的近亲呢！

鳍足类动物的踪迹遍布全球。

你知道吗？

● 与其他海洋哺乳动物（比如海豚和鲸）不同，鳍足类动物有一部分时间会上岸在陆地生活。

● 鳍足类动物的身体呈子弹状，这种流线型身材适于游泳。

● 鳍足类动物的学名意为"长着像鳍一样的脚"。

● 它们有一双大眼睛和良好的视力，有助于在水下觅食。敏感的胡须也可以帮它们捕猎。

它们为什么在如此恶劣的环境中生活？

因为这里可以让它们远离天敌豹形海豹和虎鲸。春夏之季，它们要在冰面上产下后代，因此要尽可能远离天敌。

它们的幼崽是什么样的？

小韦德尔海豹出生时体长约为 1.5 米。它们起初不会游泳，但六周大时就能自食其力了。

它们的叫声什么样？

雄性韦德尔海豹会发出震耳欲聋的怒吼以捍卫自己的领地，它们的吼声甚至可以传到冰层以下。

它们擅长潜水吗？

它们以中层和底层水域的鱼类为食，所以非常擅长潜水。它们可以在水下停留 45 分钟，潜至 720 米深。

严寒中生存

向韦德尔海豹致敬！它们可是敢于挑战南极恶劣气候的最勇敢的哺乳动物。它们生活在南极海冰上，忍受着暴风雪、刺骨的寒风和零下 40 摄氏度的低温。

扫码看视频

小韦德尔海豹身上有一层厚厚的银色皮毛，可以用来保暖。

在母亲富含脂肪的乳汁的哺育下，小海豹的体重每天增长近 2 千克。

韦德尔海豹

学名：*Leptonychotes weddellii*

分布：南极洲海岸及岛屿

食物：鱼类，比如南极鳕鱼；枪乌贼、章鱼；企鹅

天敌：虎鲸和豹形海豹

受胁等级：无危

特征：韦德尔海豹体长可达 3 米，体重 400~600 千克，雌性通常比雄性大。其身体呈灰色，背部有深色图案，腹部往往是白色的。作为哺乳动物，韦德尔海豹必须露出水面呼吸。为了呼吸，它们会在冰面上开出呼吸孔，并用牙齿磨碎呼吸孔周围的冰层，以使呼吸孔保持通畅。

海狮与海豹

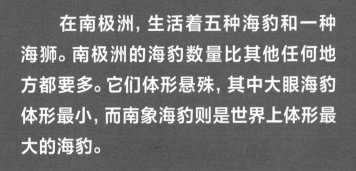

在南极洲，生活着五种海豹和一种海狮。南极洲的海豹数量比其他任何地方都要多。它们体形悬殊，其中大眼海豹体形最小，而南象海豹则是世界上体形最大的海豹。

南极毛皮海狮

这是南极洲唯一的海狮科动物。它们在陆地上比海豹科动物更灵活，因为它们可以借助后脚蹼行走。

罗斯海豹

它们的体形比其他南极海豹小，但眼睛很大，有助于在光线昏暗的深海捕猎。

食蟹海豹

又叫锯齿海豹。不要被它们的名字迷惑！这种海豹主要吃磷虾而不是螃蟹。食蟹海豹是世界上数量最多的海豹。

南象海豹

海滩上最强壮的雄性南象海豹被称为"海滩主"，会为了捍卫与众多雌性交配的权利而战斗。

豹形海豹

南极体形第二大的海豹，它们的嘴角上扬，闭上嘴时看起来像在微笑。

韦德尔海豹

它们在捕猎时会向冰层的裂缝处吹气泡，以惊动鱼群，迫使它们游到开阔的水域。

这些南极毛皮海狮有明显的外耳，它们因美丽的毛皮而被人类捕杀，几近灭绝。

水下仙境

南极的夏天很冷，冬天更冷……除非是在海底。在这里，温度常年保持在零下 0.8 摄氏度到零下 2 摄氏度之间，这为多姿多彩的生物提供了稳定的环境。

巨大的南极"死亡之星"（其真名是太阳海星）有 50 条腿，宽度超 0.5 米。

常见的海星只有五条腿，色彩多种多样。

南极洲海底的一些丝带蠕虫长度超过 2 米。

这里发现的一种海绵寿命长达 1.5 万年，是现存最古老的生物之一。

面临威胁的南极

　　南极是世界上受人类干扰最少的地区之一，但仍然易受生活在其他地区的人类活动的影响。气温上升导致冰架面积缩小，甚至在某些地方冰架已完全崩塌，导致食物供给和动物繁殖所需的空间越来越少。这里独特的物种正生活在一个令人担忧的脆弱环境中。

　　然而，希望犹存。保护环境的意识正在改变人类的行为，甚至一些脆弱的栖息地也有机会得到保护和拯救。

● 南极洲部分区域变暖的速度是世界上其他地区的五倍。

风险名录

世界自然保护联盟（IUCN）《受胁物种红色名录》收录了全球动物、植物和真菌的相关信息，并对每个物种的灭绝风险进行了评估。该名录由数千名专家共同编写，将物种的受胁水平分为七个等级——从无危（没有风险）到灭绝（最后一个个体已经死亡），名录中的每一个物种都被归入一个等级。

| 无危 | 近危 | 易危 | 濒危 | 极危 | 野外灭绝 | 灭绝 |

● 冰冷的**南大洋**是重要的渔场。然而，人类以不可持续的速度非法捕捞鱼类和磷虾，减少了南极动物的食物供给。

● **延绳钓的捕鱼方式**对许多海鸟来说是一种危险，它们会因被渔线缠住而溺亡。

● 每年，越来越多的游客来到南极，其数量自 20 世纪 90 年代初的 4 700 人增长到现在的每年 2 万 ~5 万人。越来越多的游客意味着将给这个处于微妙平衡的生态系统带来更大的破坏。

● 南极洲每年有数十亿吨冰雪消融。

动物危机

　　南极洲的物种数量有限，其中很多都面临威胁。庞大的蓝鲸和它体形较小的近亲塞鲸都被世界自然保护联盟《受胁物种红色名录》列为濒危物种。海鸟也在为生存而苦苦挣扎：乌信天翁和灰头信天翁被列为濒危物种，而漂泊信天翁被列为易危物种。凤头黄眉企鹅和长眉企鹅也被列为易危物种，还有一些企鹅被列为近危物种。甚至一些数量正在增加的物种,如阿德利企鹅，其生存依旧受到气候变化的影响。

长须鲸

阿德利企鹅在南极繁殖，但是气候变化导致其数量减少。

在 19 世纪和 20 世纪，数以万计的座头鲸被捕杀。1986年，捕鲸活动被禁止，座头鲸数量开始回升。

美丽的乌信天翁数量正在减少，目前仅存的数量可能不到 3 万只。

你知道吗？

● 帝企鹅在野外的寿命是 **15 ~ 20 年**。

● 在南极严酷的冬天，它们依偎在一起抱成一大团取暖。它们彼此温暖，轮流换到中间躲避严寒。

● 帝企鹅父母把蛋放在脚上，用育儿袋盖好。在等待雏鸟孵化的过程中，帝企鹅爸爸会持续**四个月**不进食。

名词解释

冰盖 是指覆盖着广大地区的极厚的冰层的陆地面积。冰盖绝大部分分布在南极圈内，南极冰盖是地球上最大的固体水库。

冰架 冰架是指陆地冰，或与大陆架相连的冰体延伸到海洋的那部分。崩解后的冰架成为冰山。

反刍 是指某些动物把粗粗咀嚼后咽下去的食物再反回到嘴里细细咀嚼，然后再咽下去。

极夜 极圈以内的地区，每年总有一个时期太阳一直在地平线以下，一天 24 小时都是黑夜，这种现象叫作极夜。

鳍状肢 在水生哺乳动物中，如鲸、海豚、海狗、海豹等，前肢和后肢特化成似鱼类的鳍肢，称为鳍状肢。

迁徙 自然界的野生动物为觅食或繁殖，随着季节沿固定或非固定路线从一处栖息地转换到另一处栖息地的行为。

亲鸟 鸟类在孵化和育雏期间，相对于雏鸟，其双亲被称为亲鸟。